万有引力：
牛顿物理 10

[加拿大] 克里斯·费里　著/绘　　那彬　译

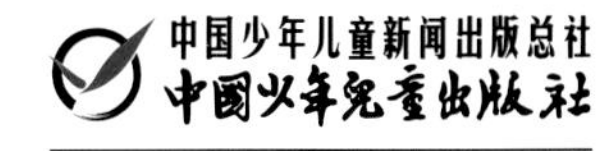

北　京

HERE COMES TROUBLE

作者简介

克里斯·费里，80后，加拿大人。毕业于加拿大名校滑铁卢大学，取得数学物理学博士学位，研究方向为量子物理专业。读书期间，克里斯就在滑铁卢大学纳米技术研究所工作，毕业后先后在美国新墨西哥大学、澳大利亚悉尼大学和悉尼科技大学任教。至今，克里斯已经发表多篇有影响力的权威学术论文，多次代表所在学校参加国际学术会议并发表演讲，是当前越来越受人关注的量子物理学领域冉冉升起的学术新星。

同时，克里斯还是4个孩子的父亲，也是一名非常成功的少儿科普作家。2015年12月，一张Facebook（脸书）上的照片将克里斯·费里推向全球公众的视野。照片上，Facebook（脸书）创始人扎克伯格和妻子一起给刚出生没多久的女儿阅读克里斯·费里的一本物理绘本。这张照片共收获了全球上百万的赞，几万条留言和几万次的分享。这让克里斯·费里的书以及他自己都受到了前所未有的关注。

扎克伯格给女儿阅读的物理书，只是作者克里斯·费里的试水之作。2018年，克里斯·费里开始专门为中国小朋友做物理科普。他与中国少年儿童新闻出版总社全面合作，为中国小朋友创作一套学习物理知识的绘本——“红袋鼠物理千千问”系列。

红袋鼠问：“如果**万有引力**能把所有东西都拉到一起，为什么月亮还能待在天空中呢？克里斯博士，是月亮打破了物理定律吗？”

克里斯博士说："并没有。月亮受到地球的吸引，地球也受到月亮的吸引，它们都遵守**万有引力定律**。"

克里斯博士继续说："万有引力是宇宙中任意两个物体之间存在的相互拉力。"

红袋鼠惊讶地说："啊？那你和我之间也有万有引力呀，克里斯博士？"

克里斯博士说："没错。但你我之间的引力非常小。越重的物体，距离越近，拉力就越大。比如，地球非常重，而我们离它非常非常近。"

红袋鼠说："地球对我有很大的拉力。月球离我们很远，而且比地球要小很多，所以它对我们的拉力就很小很小——我甚至都感觉不到它在拉我。"

克里斯博士说：“月球非常非常远，但它仍能受到地球的引力束缚，所以才不会飘走。”

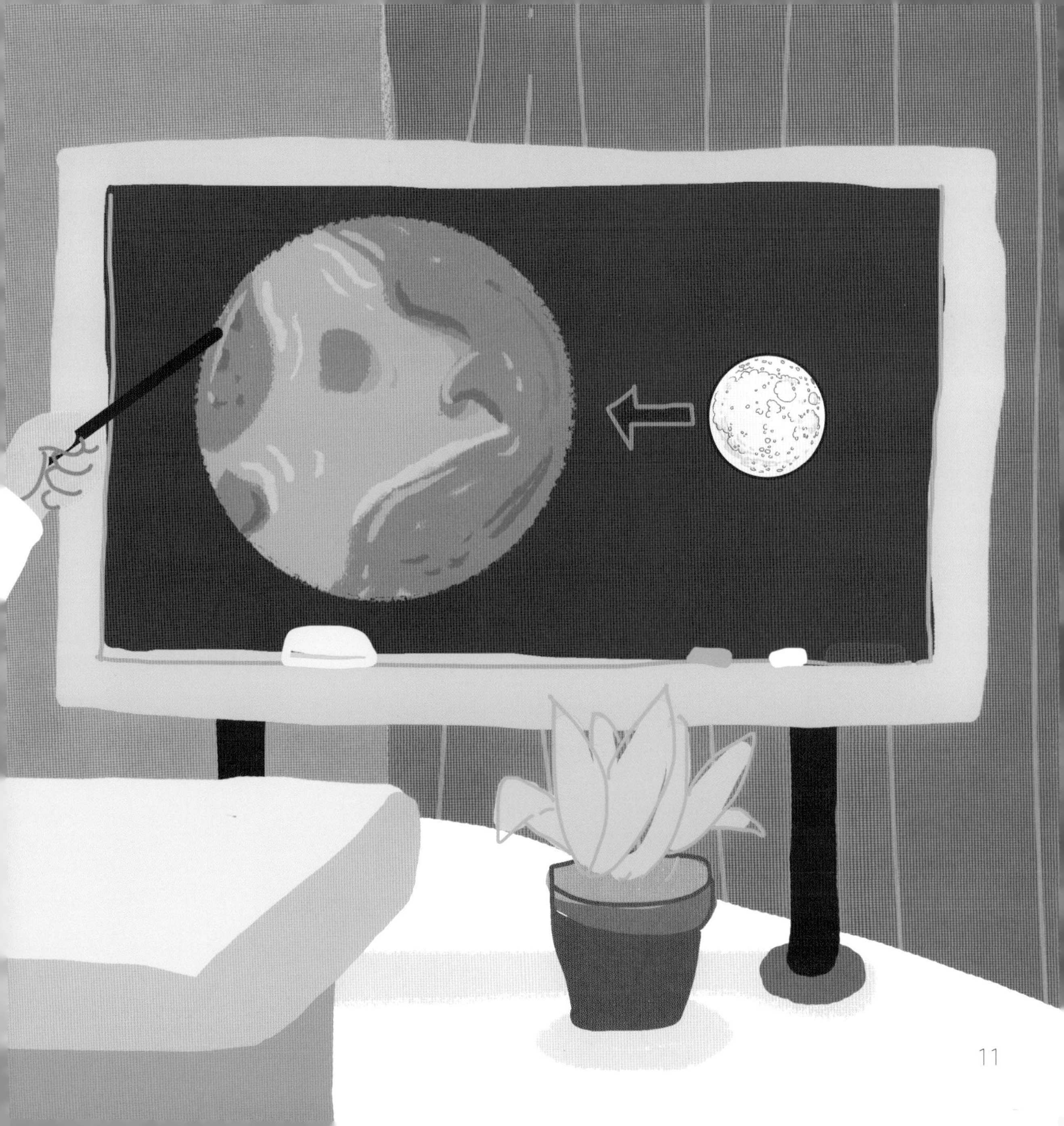

潮汐现象

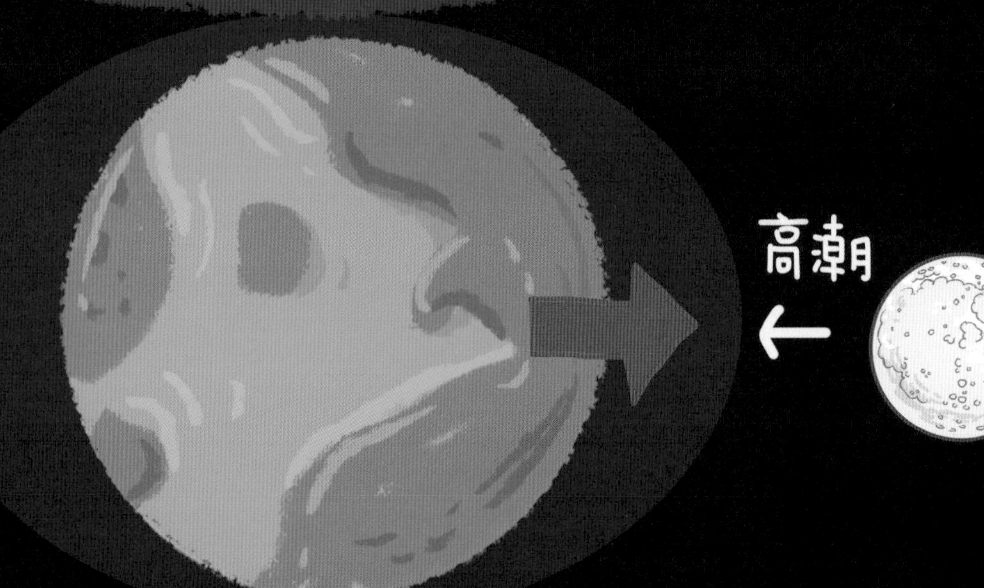

“月球其实也很大。地球受到的月球引力同样不能忽略。正是太阳和月球的引力才使大海有涨潮和落潮的**潮汐现象**。”

红袋鼠问："地球和月亮都那么大，它们之间的引力也会很大，那月亮为什么没有坠向地球呢？"

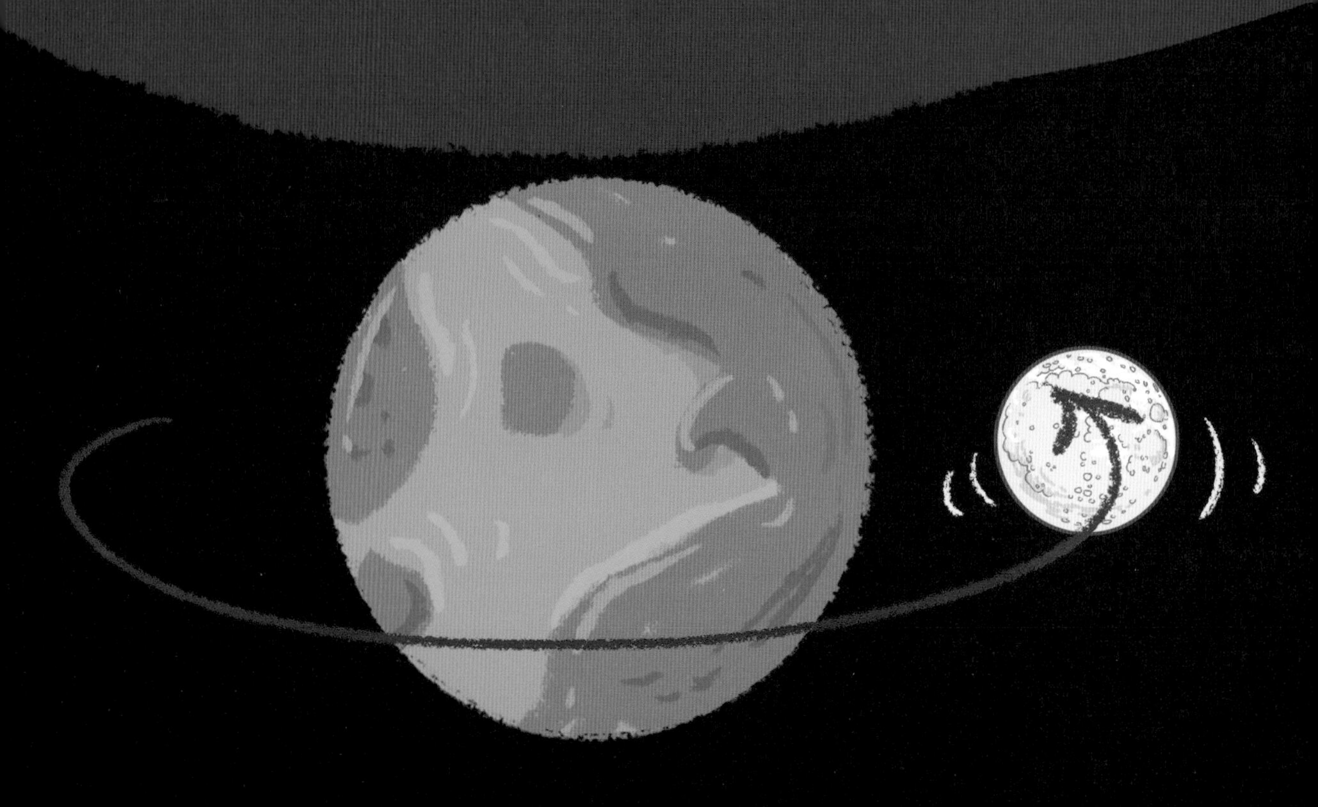

克里斯博士回答："因为月亮在绕地球做高速圆周运动呀。做圆周运动的物体会产生一个**离心力**，它的方向与引力刚好相反，指向远离圆心的方向，而且运动速度越快，离心力也就越大。"

克里斯博士问："如果你的手里拿着一个球，当你一松手，球会怎么样呢？"

红袋鼠回答：“它会掉下去呀，这大家都知道。”

克里斯博士又问：“那如果你向斜上方抛出这个球呢？”

红袋鼠回答：“它还是会落下，不过会落得远一些。”

克里斯博士说："如果你用更大的力气向上方抛出会怎样？球也许会绕着地球飞一圈呢。"

红袋鼠想了想，说：“月亮就像是这个球，它本来会因为引力落向地球，但它运动得太快了，离心力很大，所以掉不下来！”

克里斯博士说：“月球就和人类发射到太空中的人造卫星一样。”

“它们本来应该会落到地球上，可它们运动得太快了，相对地球产生了离心力。离心力与引力达到平衡，月亮和人造卫星就可以稳定运行在地球周围的轨道上，不再继续靠近地球了。”

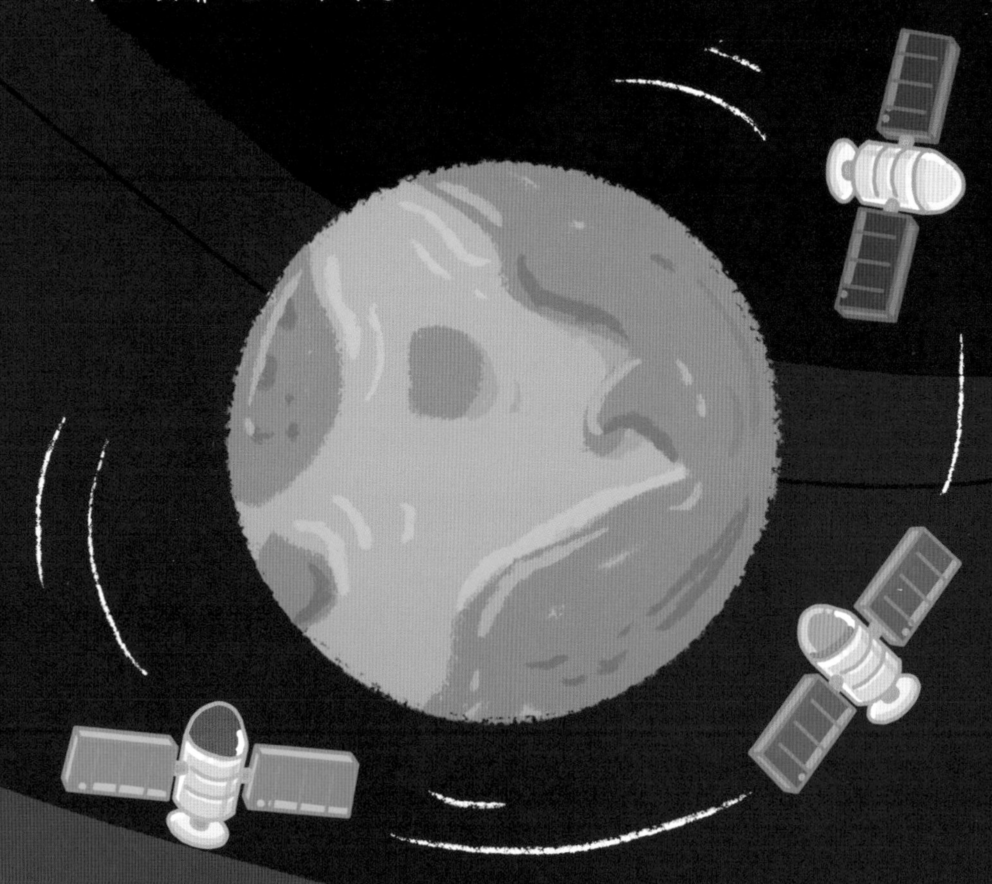

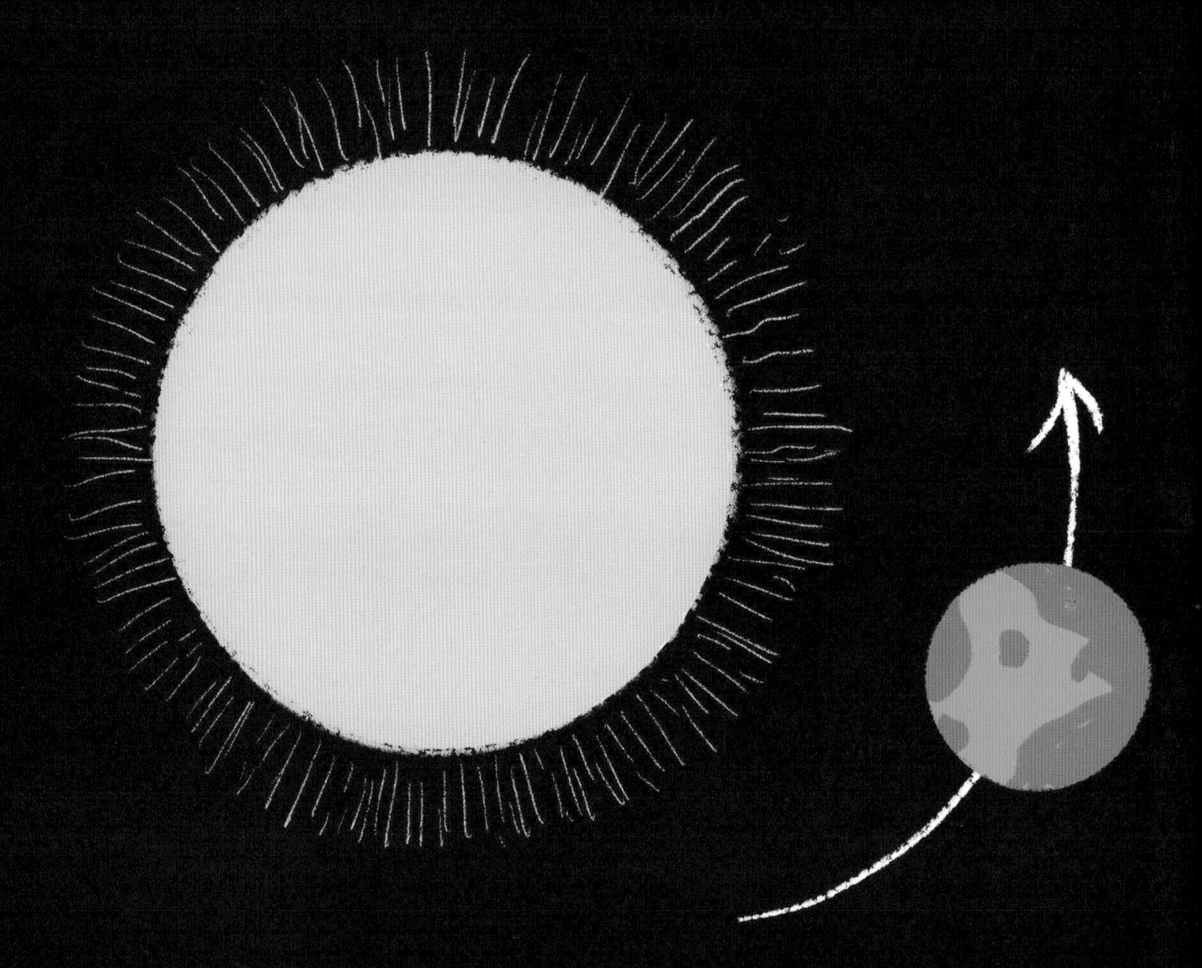

红袋鼠说：“这么说来，地球本来也应该坠落到太阳上，可它运动得太快了，离心力同样使它难以离太阳更近。”

红袋鼠又说：“无论什么时候看到月亮，我都会想到是万有引力让月亮和地球一起跳舞。”

版权合作方：澳大利亚米酷传媒

图书在版编目（CIP）数据

牛顿物理. 10，万有引力 /（加）克里斯·费里著绘；那彬译. — 北京 ：中国少年儿童出版社，2019.6
（红袋鼠物理千千问）
ISBN 978-7-5148-5397-1

Ⅰ. ①牛… Ⅱ. ①克… ②那… Ⅲ. ①物理学－儿童读物 Ⅳ. ①04-49

中国版本图书馆CIP数据核字(2019)第065087号

审读专家：高淑梅 江南大学理学院教授，中心实验室主任

HONGDAISHU WULI QIANQIANWEN
WANYOUYINLI:NIUDUN WULI 10

出版发行：中国少年儿童新闻出版总社 中国少年兒童出版社

出 版 人：孙 柱
执行出版人：张晓楠

策　　划：张　楠　　审　　读：林　栋　聂　冰
责任编辑：徐懿如　郭晓博　　封面设计：马　欣
美术编辑：马　欣　　美术助理：杨　璇
责任印务：刘　潋　　责任校对：颜　轩

社　　址：北京市朝阳区建国门外大街丙12号　邮政编码：100022
总 编 室：010-57526071　传　　真：010-57526075
客 服 部：010-57526258
网　　址：www.ccppg.cn　电子邮箱：zbs@ccppg.com.cn

印　　刷：北京利丰雅高长城印刷有限公司

开本：787mm×1092mm　1/20　印张：2
2019年6月北京第1版　2019年6月北京第1次印刷
字数：25千字　印数：10000册

ISBN 978-7-5148-5397-1　定价：25.00元